AF263188

RELATION

D'UNE VISITE

A L'ASILE DES IDIOTS D'EARLSWOOD

COMTÉ DE SURREY (ANGLETERRE)

SUIVIE

DE QUELQUES RÉFLEXIONS SUR LE NO-RESTRAINT

PAR

E. BILLOD

Médecin en chef, directeur de l'asile public d'aliénés
de Sainte Gemmes-sur-Loire (Angers)

PARIS

VICTOR MASSON ET FILS

PLACE DE L'ÉCOLE-DE-MÉDECINE.

1861

RELATION

D'UNE VISITE

A L'ASILE DES IDIOTS D'EARLSWOOD

Suivant l'idée que je m'en faisais, le *no-restraint* consistant beaucoup moins dans l'abolition des moyens coercitifs dans le traitement et le régime des aliénés, que dans une organisation telle des asiles que l'emploi de ces moyens y devienne inutile, il était intéressant pour moi d'aller étudier cette organisation dans quelques asiles anglais choisis comme types, et de mesurer la différence qui, sous ce rapport, sépare ces établissements de nos asiles français. Tel était donc le but que je me proposai dans le voyage que je fis l'année dernière en Angleterre, et je ne songeais nullement à le dépasser lorsque, dans une rencontre avec MM. les docteurs Conolly, Tuke et Brown, ce dernier inspecteur général du service des aliénés de l'Écosse, il me fut fait de l'asile des idiots d'Earlswood une peinture telle que je ne pus résister au désir d'accompagner le docteur Brown dans l'inspection qu'il devait en faire le lendemain, suivant sa gracieuse proposition et suivant les conseils instants du vénérable docteur Conolly. C'est la relation de cette visite que je me propose de présenter sommairement ici.

A gauche et un peu au delà de la station de Redhill du chemin de fer de Brighton, l'asile d'Earlswood se présente comme un grand et bel édifice dont l'architecture est empreinte de ce caractère monumental un peu fastueux que les Anglais ne jugent pas incompatible avec la destination hospitalière. Il s'élève sur une belle terrasse, et domine un jardin anglais avec ses accidents de terrain et ses allées en méandre contournant des pelouses et des tapis de fleurs.

A droite, on découvre des champs et une ferme dépendant de l'asile; à gauche, un ensemble de bâtiments occupés par une colonie de jeunes détenus, correspondant à notre colonie de Mettray, près Tours. Le pays environnant, du reste, est plat, presque sans horizon, et le sol, en partie calcaire, ne paraît pas être d'une très grande fertilité Je n'ai pas, du moins, en parcourant le sentier qui conduit de la station de Redhill à l'entrée de l'asile, été frappé de cet aspect luxuriant et plantureux de la campagne que l'on retrouve dans d'autres parties de l'Angleterre, et, par exemple, dans le comté d'Herefort.

L'ensemble des bâtiments affecte la forme d'un rectangle dont l'un des grands côtés comprend la façade principale, laquelle n'a qu'un étage au-dessus du rez-de-chaussée, excepté au milieu, où elle est surmontée d'un pavillon à deux étages. Les bâtiments qui forment les petits côtés se composent de deux pavillons à deux étages alternant avec des parties à un seul.

L'entrée est située sous un péristyle, et correspond exactement au milieu de la principale façade. D'un côté se trouve la section des garçons, et de l'autre celle des filles. A gauche est la salle de réception dont les principaux ornements consistent dans des dessins et autres spécimens du travail des enfants. De cette salle, où nous fûmes reçus par le docteur Down, médecin résidant et surintendant de l'asile, on nous conduisit dans un réfectoire spacieux et bien aéré où plusieurs rangées de tables, disposées transversalement de chaque côté, et séparées au milieu par un couloir longitudinal, présentaient au plus haut degré cet aspect d'ordre et de propreté, ce confortable enfin qui distingue les asiles anglais, et que nous avons retrouvé, du reste, dans toutes les autres parties de l'établissement.

Pour frapper chez les idiots celui des sens dont la fonction paraît être le plus étroitement liée à l'exercice de l'intelligence, on produit quelquefois, paraît-il, dans cette salle une brillante illumination à l'aide d'appareils dus à la munificence d'un des bienfaiteurs de l'œuvre, et l'on fait resplendir à leurs yeux ces mots écrits en lettres de feu : *Peace and prosperity*, paix et prospérité.

L'heure du dîner ayant sonné pendant que ces détails m'étaient donnés par mes savants cicérones, nous ne tardâmes pas à voir

arriver, en rang et deux à deux, et se rendre, par une évolution en quelque sorte militaire, à leurs places respectives les garçons d'abord, les filles ensuite ; les premiers à droite, les secondes à gauche. Ce mouvement exécuté, toute l'assistance debout entonna en chœur la prière d'avant le repas. Si courte qu'ait été la durée de ce chant, dans lequel les voix m'ont semblé se marier avec assez de justesse, j'ai pu remarquer que le plus grand nombre des enfants y prenaient part. Un mouvement machinal des lèvres chez quelques idiots microcéphales dont les facultés étaient aussi oblitérées que possible, indiquait visiblement qu'ils y concouraient aussi plus ou moins et par imitation.

Le chant terminé, et sur un signal, chacun s'assit. La distribution commença alors, et s'opéra avec un ordre parfait en moins de trois minutes, à l'aide de meubles à roulettes sur lesquels étaient disposés les plats. Je n'ai pas besoin d'ajouter que le confort du régime ne me parut rien laisser à désirer, et que tout le monde fit honneur au menu, qui se composait, ce jour-là, de rosbif, de pommes de terre, et, autant que je puis m'en souvenir, d'un plat de pudding, avec de la bière pour boisson.

Mettant à profit le spectacle que j'avais devant les yeux, de 275 types au moins d'idiots ou imbéciles réunis pour un repas, et s'y adonnant chacun à sa manière, je me suis livré, pendant sa durée, à quelques observations dont je crois devoir consigner ici le résultat.

Une des premières impressions produites sur moi par une telle assemblée, fut celle d'une mobilité, d'une agitation anormale et résultant du caractère en quelque sorte convulsif de la généralité des mouvements. Chez quelques idiots, cette habitude convulsive m'a paru portée jusqu'à la chorée, et, chez plusieurs, je l'ai vue se traduire par un strabisme.

Quelques types de microcéphales m'ont semblé extrêmement remarquables. Chez 2 ou 3 entre autres, qui, sauf la couleur du teint, m'ont rappelé les Aztèques, l'absence du front était presque complète, et, à en juger par l'aplatissement extraordinaire de la voûte crânienne, les centres nerveux devaient être réduits à une telle expression qu'on pouvait être tenté de croire, au premier abord, à de l'acéphalie.

A côté de ces microcéphales, et par contre, j'ai remarqué certains types de macrocéphales, et je dois à la vérité de dire que le volume de la tête, chez les uns et les autres, ne m'a pas toujours paru mesurer exactement le degré de l'intelligence. Il ne s'agit là, toutefois, que d'une impression générale et superficielle, mais à laquelle il serait facile de substituer des données précises par l'application du céphalomètre de M. le docteur Antelme, que je ne saurais trop recommander à M. le docteur Down. Parmi ces idiots, quelques-uns m'ont paru obèses, et plusieurs m'ont semblé présenter, bien qu'enfants, des formes d'adulte plus ou moins altérées, rappelant en cela, sauf, bien entendu, la perfection des formes, un des caractères du fameux groupe de statues antiques connu sous le nom de *Laocoon*, et dans lequel les fils de ce personnage ont la taille d'enfant et la conformation d'adulte. A part quelques cas exceptionnels dans lesquels une physionomie régulière et une organisation physique normale s'observaient en même temps qu'une oblitération plus ou moins complète des facultés intellectuelles, il était impossible de ne pas être frappé dans l'ensemble d'une certaine défectuosité de formes, d'un certain degré de dégradation physique coïncidant avec la dégénérescence intellectuelle et morale, et fournissant ainsi la contre-preuve de cette harmonie que le Créateur a établie dans l'homme fait à son image, entre la pureté de ses traits, la beauté de ses formes, la perfection enfin de son organisme et l'intelligence qui le rapproche de lui.

Pour l'examen des caractères de cette dégradation physique dont les signes se faisaient remarquer dans la forme, le volume et l'implantation des oreilles, dans le degré d'ouverture de l'angle facial, dans les traits comme dans tout l'ensemble de l'organisme, je n'ai pu, du reste, que regretter de n'avoir pas la compétence du savant auteur du *Traité des dégénérescences*, M. le docteur Morel (de Saint-Yon). Sur les indications du médecin de l'établissement, M. le docteur Brown m'a signalé quelques cas de surdité, de myopie, de presbytie concomitantes avec l'idiotisme. Sur 300 idiots ou imbéciles, on comptait, lors de ma visite, une trentaine d'épileptiques que je regrettai de voir confondus avec le reste de la population, et dont l'éloignement ou l'isolement dans un quartier spécial me sembla répondre à un besoin véritablement urgent. Plusieurs enfants m'ont paru affectés de ce ptyalisme, qui paraît être un caractère propre à un certain nombre d'idiots.

La manière de manger a éveillé aussi mon attention chez ces jeunes déshérités. Les uns mangeaient très vite et d'une façon en quelque sorte gloutonne, d'autres très lentement, le plus grand nombre d'une manière propre et naturelle et en se servant, comme tout le monde, de cuillers et de fourchettes. Plusieurs léchaient leurs assiettes après avoir mangé. J'en ai vu prendre leurs aliments avec la bouche, sans l'intermédiaire des mains, et les happer en quelque sorte, me rappelant en cela un jeune idiot microcéphale que j'ai eu dans mon service à l'asile de Blois. Du reste, il m'a paru évident que les uns et les autres, tout entiers à la satisfaction de leur appétit, ne se regardaient même pas, et que la réunion des sexes dans la circonstance n'avait pas d'inconvénients apparents. A une objection que je lui présentai relativement à ce mélange, qui est à peu près général dans les établissements d'aliénés anglais, et qui m'avait particulièrement frappé à Colney-Hatch, où plus de 600 aliénés des deux sexes prennent simultanément leur repas dans un même réfectoire, le docteur Conolly me fit une réponse judicieuse que je crois traduire exactement en disant que cette rencontre répétée des deux sexes dans une circonstance où un appétit fait taire l'autre lui semblait offrir plus de garanties morales qu'une séparation trop absolue, l'influence exercée par la vue d'un sexe sur l'autre semblant devoir s'user par l'habitude de se voir.

Le repas terminé, toute l'assistance se leva, et, après avoir chanté en chœur l'hymne d'actions de grâces, se retira dans le même ordre qu'à l'arrivée et se rendit dans les salles de récréations, où nous la retrouvâmes quelques instants après se livrant à des jeux en rapport avec les goûts et les aptitudes de chacun.

Ces salles de récréations sont au nombre de six, et comme elles ne sont disposées que pour des jeux tranquilles, il existe au rez-de-chaussée une vaste salle destinée surtout au jeu de ballon et de quilles. Il existe au dehors un gymnase auquel on a ajouté un matériel considérable pour les jeux de la crosse, de la balançoire, etc.

Après avoir visité ces salles, ainsi qu'une succession de chambres destinées à des pensionnaires et à leurs servants, nous nous dirigeâmes vers les ateliers. L'un de ces ateliers est affecté à l'épluchage des fibres du coco destinées à faire des nattes. Ce travail élémentaire constitue le premier degré de l'éducation professionnelle à Earlswood, et c'est par lui que l'on commence à exercer les doigts des jeunes idiots. Après l'épluchage vient le tressage en nattes, qui exige plus d'aptitude naturelle ou acquise, et constitue le deuxième degré de ladite éducation. Cette industrie semble prédominer à Earlswood, et recouvre de ses produits les parquets de toutes les salles. Le troisième atelier est celui des tailleurs. Vient ensuite l'atelier de vannerie, où se fabriquent de jolis paniers d'osier. Un de ces paniers est placé pour la nuit à côté de chaque lit, et les enfants y déposent le soir leurs vêtements après les avoir pliés. Vient enfin l'atelier de menuiserie.

Comme exemples remarquables d'industrie particulière, on m'a montré de charmants modèles de navire construits par un jeune idiot dont l'aptitude à ce genre de travail est vraiment extraordinaire. Elle s'est révélée à la vue d'un mouchoir sur le fond duquel était dessiné un navire. Ce jeune constructeur était, m'a-t-on assuré, sauvage et sourd-muet quand il est arrivé, et ne faisait entendre qu'un grognement sourd et inarticulé. Il passait tout son temps d'abord à courir et à se cacher dans les buissons du parc. Il se sert aujourd'hui de quelques mots, à l'aide desquels il s'est composé un langage assez intelligible, et il est devenu très sociable. Un de ses modèles de navires a été jugé digne d'être présenté à Son Altesse le prince de Galles. Une réflexion critique, faite en ma présence par cet individu à propos d'une tête dessinée par un de ses camarades, m'a paru digne d'être relevée comme dénotant le degré de son intelligence. Il trouvait cette tête défectueuse, parce qu'elle était plus noire d'un côté que de l'autre, ne se rendant nul compte de l'ombre qui expliquait cette différence.

La cordonnerie et les travaux agricoles complètent la série des occupations manuelles auxquelles sont employés les idiots d'Earlswood. Ces derniers travaux comprennent l'exploitation de 90 acres anglais de terre. La ferme se compose d'une vacherie et d'une bergerie. J'ajoute que quelques idiots sont occupés à la cuisine et y concourent à la préparation des aliments. L'un d'eux m'a paru se distinguer par son air de contentement de lui-même, ses façons plaisantes et bouffonnes et ses prétentions au bel esprit.

Le travail des filles comprend plus spécialement la couture, le tricotage, le travail au crochet, les perles, la broderie et les travaux du ménage.

Des ateliers nous fûmes conduits dans les salles d'étude, où l'on donne à ces intelligences plus ou moins rudimentaires le degré d'éducation dont elles sont susceptibles.

Ma visite à Earlswood ayant eu lieu un dimanche, dont l'observation est si rigoureuse, comme l'on sait, en Angleterre, il ne m'a pas été donné d'assister aux exercices intellectuels, et je ne puis qu'y suppléer par l'emprunt à une notice du révérend Edwin Sidney des détails qui suivent, et dont je dois la traduction à M. le docteur Combes, mon ancien interne et adjoint, aujourd'hui mon collègue et ami.

« Pour la lecture, on commence à leur faire reconnaître des lettres en bois et mobiles ; puis on les fait lire sur des cartons, et enfin dans des livres ; et dès qu'ils les lisent passablement, on leur met entre les mains la Bible et des livres classiques. Pour leur apprendre à épeler, le maître éveille leur attention par quelque histoire intéressante, puis il leur fait épeler d'une façon vive et agréable les mots dont il s'est servi. L'étude des chiffres est une entreprise plus difficile ; mais on emploie successivement dans cette vue des cadres à boules, des tableaux noirs et enfin des ardoises pour écrire. On retire un grand avantage de leçons faites avec ces objets. L'attention des enfants est attirée par ces choses, qui leur sont familières et d'un usage quotidien, et à la longue ils deviennent assez versés dans ces divers sujets pour que le visiteur qui assiste à une leçon soit agréablement surpris.

» Pour amener un idiot presque incapable d'articuler des sons à parler comme il faut, on a à lutter contre une énorme difficulté ; mais on la surmonte à peu près constamment ici. De petits modèles d'animaux, qui amusent beaucoup les enfants et dont on leur demande le nom, sont employés avec succès. Une fois qu'ils peuvent parler, ils passent successivement à la lecture, à l'écriture, à l'arithmétique, au dessin, à l'écriture sous la dictée et autres exercices. Pour l'arithmétique, on commence par leur faire articuler des nombres d'après des cubes coloriés qu'on place devant eux, puis on leur apprend à copier ces figures et ensuite à les reproduire de mémoire, et enfin on leur apprend les règles.

» Un des exercices les plus avantageux pour l'avancement des enfants est l'écriture sous la dictée. On commence par leur faire déchiffrer une simple sentence écrite sur le tableau, puis on la leur fait copier, et par degrés on les amène à l'écrire sous la dictée.

» Il y a une remarquable circonstance à noter, c'est que presque tous les idiots reçoivent plus facilement l'influence d'une éducation religieuse que celle de toute autre nature. Chaque rayon de lumière qui leur est insinué semble se rendre au foyer de cette disposition... Pour tout ce qui a rapport à la bonté de Dieu dans la création et dans la rédemption, leurs maîtres assurent qu'ils montrent des sentiments bien plus élevés que ceux qu'ils peuvent manifester pour n'importe quel autre sujet. »

Je borne là cette citation, et renvoie d'ailleurs, pour l'étude des méthodes spéciales d'éducation, au livre de M. Séguin sur le traitement moral et l'éducation des idiots, dont on a dû particulièrement s'inspirer à Earlswood.

Je serais injuste pour mon pays si, à l'occasion des efforts tentés à Earlswood pour l'éducation des idiots, je ne rappelais le zèle, l'intelligence et le dévouement déployés pour le même but par M. Vallée dans le service des idiots de Bicêtre, et si je ne citais en même temps le mémoire si intéressant que M. le docteur Félix Voisin a consacré à l'étude de l'idiotie vers l'époque de cette création, non plus que celui plus récent de M. Delasiauve sur les principes qui doivent présider à l'éducation des idiots (1). Les essais antérieurs tentés à la Salpêtrière et dus à l'initiative de M. Falret, dont il est fait mention dans un rapport académique de Double sur un mémoire de Leuret, méritent également d'être rappelés à cette occasion.

En terminant ici l'exposé des diverses spécialités dont se compose l'éducation des enfants d'Earlswood, je suis heureux de constater qu'elles sont sagement combinées, de manière à faire concourir à ce but les occupations manuelles et intellectuelles, et que l'éducation professionnelle m'a semblé prédominer, à juste titre, sur l'éducation plus spécialement intellectuelle. Cette dernière, du reste, paraît se proposer pour but principal de développer chez les idiots toute la somme de qualités morales dont ils sont susceptibles.

Comme résultat de l'application de tous les principes d'éducation et d'organisation qui forment la base de l'institution d'Earlswood,

____

(1) Mémoire lu à l'Académie de médecine, et extrait de la GAZETTE HEBDOMADAIRE.

on m'a montré un certain nombre de sujets dont les facultés intellectuelles ont reçu un degré de culture qui leur a permis de
prendre rang, si je puis ainsi dire, dans la famille humaine et de
remplir un emploi dans l'établissement. Quelques-uns même, m'a-
t-on assuré, ont pu être placés au dehors.

Si j'avais à rendre compte d'une visite dans un asile d'aliénés
d'Angleterre, il serait à peine besoin de dire que je n'y ai trouvé
aucune trace de l'emploi de la contrainte ; il ne peut en être qu'à
plus forte raison ainsi d'un asile d'idiots.

Je borne là cette relation d'une visite dont je n'ai pu que regretter la brièveté, heureux si, par les détails dans lesquels je suis
entré, j'ai pu communiquer au lecteur un peu de l'intérêt que m'a
inspiré l'œuvre d'Earlswood et l'associer à l'hommage que je rends
à l'Angleterre pour cette belle création. Car, tout en revendiquant
pour la France la priorité de l'initiative d'une institution pour l'é-
ducation des idiots de Bicêtre, laquelle remonte à 1842, ainsi qu'il
résulte d'un arrêté de M. le préfet de la Seine en date du 9 no-
vembre 1842, rendu sur un rapport d'Orfila, tandis que l'institution d'Earlswood ne date que de quatorze ans, il ne m'en coûte
nullement de reconnaître que l'Angleterre a eu l'initiative d'une
création plus spéciale et plus exclusive. Je ne puis que formuler le
vœu de voir son exemple suivi, et qu'exprimer, en ce qui concerne l'œuvre d'Earlswood elle-même, le désir de la voir perfec-
tionnée par l'adoption de quelques mesures complémentaires, et
notamment par l'éloignement des épileptiques, des malpropres et
des idiots décidément réfractaires à toute tentative d'éducation
intellectuelle ou professionnelle, ou par leur réunion dans un
quartier absolument séparé. Comme ce désir, je le sais, est par-
tagé par le docteur Down, ainsi que par la plupart des fondateurs
et bienfaiteurs de l'œuvre, je ne doute pas de sa plus prochaine
réalisation.

Comme la plupart des établissements de bienfaisance en Angleterre, l'œuvre d'Earlswood est une fondation de la charité privée
et le produit de souscriptions volontaires. Qu'il nous soit permis, à
ce propos, de faire connaître un trait de mœurs qui me semble ca-
ractériser ce genre de création.

Chaque année, les bienfaiteurs et fondateurs d'Earlswood cé-
lèbrent l'anniversaire de sa création dans un festival présidé ordi-

nairement par S. A. R. le duc de Cambridge. Il m'a été donné
d'assister au treizième anniversaire, en compagnie des docteurs
Conolly, Tuke, Little, Begley d'Hanwel et de quelques autres honorables confrères.

Après les toasts d'usage à S. M. la reine, au prince de Galles et
au prince-époux, à l'armée, à la marine, etc., un toast a été
porté à l'institution d'Earlswood, et a fourni à S. A. R. le duc de
Cambridge l'occasion de faire ressortir, dans un discours heureusement approprié et chaleureusement applaudi, les mérites de
l'œuvre éminemment philanthropique qui avait motivé la réunion.

Après ce discours et les hourras qui l'ont suivi, la liste de souscription commença à circuler et se couvrit des noms de toute l'assistance, avec l'indication en regard du chiffre pour lequel chacun
souscrivait, et enfin, après les derniers toasts, précédés et suivis,
comme les précédents, de cantates chantées par des artistes appelés pour la circonstance, la proclamation des noms et des chiffres
de la cotisation de chacun fut faite par un des commissaires du
banquet. Elle provoqua pour chaque nom des applaudissements
dont le degré variait suivant l'importance du chiffre proclamé. On
m'a assuré que cet appel à la charité dans les conditions que je
viens d'exposer amenait toujours les résultats les plus fructueux et
les plus profitables à l'œuvre.

L'étude des questions qui se rattachent au système du *no-restraint* ayant été le but principal de mon voyage en Angleterre, je
me disposais à publier le résultat de mes observations sous ce rapport, lorsqu'a paru le savant opuscule de M. le docteur Morel (de
Saint-Yon).

Les détails dans lesquels est entré ce savant collègue sur l'organisation des asiles anglais et la manière magistrale dont il a traité
la question du *no-restraint* me rendant cette tâche inutile, j'ai
dû borner la relation de mon voyage à la visite d'Earlswood et
limiter mon appréciation du *no-restraint* aux réflexions qui
suivent :

De l'exposé des opinions émises par les médecins anglais et
français relativement au *no-restraint*, il me semble résulter évi-

demment que l'accord entre la France et l'Angleterre, sous ce rapport, est beaucoup plus grand qu'on ne le croit généralement. Il est évident, en effet, que, non moins que leurs confrères d'outre-Manche, les aliénistes français sont partisans du *no-restraint;* que tous adhèrent au principe, s'efforcent de l'appliquer dans la mesure de leurs moyens et dans la limite du possible, et que c'est cette limite seule qui est différente en France et en Angleterre.

Le *no-restraint* consistant beaucoup moins, nous l'avons dit, dans l'abolition des moyens coercitifs que dans une organisation des asiles telle que leur emploi devienne inutile, la principale raison des différences qui existent sous ce rapport entre les asiles des deux pays doit résulter de la différence de leur organisation.

Nous ne voulons pas induire de là que l'organisation des asiles anglais soit supérieure à celle des bons asiles français; nous disons seulement qu'elle est différente. La principale différence porte sur le fait de la prédominance relative de la cellule et du dortoir commun, prédominance qui est telle en Angleterre, que, dans certains établissements présentés comme le *nec plus ultra* de l'organisation spéciale et comme le modèle du genre, il n'y a pas de dortoir et que chaque aliéné a sa cellule.

Or, la substitution de la cellule au dortoir commun a pour résultat de supprimer pour la nuit la plus grande partie des dangers attachés aux manifestations du délire, et, pour le jour, permet de suppléer par une séclusion facile à l'emploi de la camisole. Chaque aliéné ayant sa cellule, rien n'est plus simple, en effet, que de l'y faire entrer aussitôt que les manifestations de son délire revêtent un caractère dangereux.

Une autre différence porte sur la composition du personnel de surveillance, qui me paraît, de même qu'à M. Morel, supérieur, comme niveau intellectuel et moral, à celui des établissements français Or, il résulte de cette différence que les fonctions ont plus de prestige, et que les agents qui les exercent doivent inspirer aux aliénés plus de crainte et de respect que nos infirmiers français. Les médecins anglais comprennent si bien l'influence de ce prestige attaché à l'emploi de gardien, au point de vue de l'application du système de *no-restraint*, qu'ils s'efforcent de le relever aux yeux mêmes des aliénés, non-seulement par le choix de ces employés subalternes, mais encore par la considération avec la-

quelle ils affectent de les traiter, et le nom même d'*intendant* qu
leur est donné me paraît être une des meilleures preuves de cette
préoccupation. Du reste, il est un trait du caractère anglais qui, se
reflétant jusque chez l'aliéné, le dispose mieux que l'aliéné français à subir l'ascendant de l'infirmier.

On sait, en effet, que tel est le respect de l'Anglais pour la loi
et le principe de l'autorité, que leurs plus humbles représentants,
tels que les policemen par exemple, sont revêtus à ses yeux d'un
caractère sacré, en quelque sorte, qui impose à tous le respect et
la soumission.

Or, il en est de l'infirmier ou intendant dans les asiles d'aliénés
comme du policeman dans l'exercice de ses fonctions. Il y repré-
sente ce principe de l'autorité dont le respect paraît être entré
tellement dans les mœurs anglaises qu'il doit se retrouver plus ou
moins jusque chez les aliénés, et l'on comprend dès lors qu'il
prenne sur ces derniers un ascendant dont l'effet ne peut que
tourner au profit du système.

Il importe enfin de ne pas oublier, dans l'appréciation des différences qui existent entre la France et l'Angleterre sous le rapport
du *no-restraint*, que ce système n'est, à proprement parler,
qu'une extension aux asiles d'aliénés du régime de liberté qui régit
l'Angleterre tout entière, et qu'en abolissant l'emploi de la contrainte dans leurs établissements, les Anglais n'ont été que consé-
quents avec eux-mêmes. Il est évident, en effet, que le *no-restraint* est partout en Angleterre, dans les lois, dans le parlement,
dans la presse, dans les comices électoraux, dans les meetings,
dans toutes les institutions enfin et dans l'organisation entière de la
société, et qu'on ne pouvait plus longtemps l'exclure du régime
des aliénés sans mentir au génie de la nation et à ce caractère anglais ennemi de toute entrave et de toute restriction à la liberté.

On comprend, d'ailleurs, que les mêmes raisons qui font que la
liberté en Angleterre, loin d'être un danger pour l'ordre, en est
devenue, en quelque sorte, une condition, en supprimant aussi dans
les asiles les inconvénients attachés au défaut d'entraves, y
rendent facile ce qui n'est peut-être pas absolument possible
ailleurs.

La question seulement est de savoir si le *no-restraint*, au dehors comme au dedans des asiles d'aliénés, est aussi conforme en

France au génie et aux mœurs actuelles de la nation, et si son application trop absolue y serait aussi exempte de dangers et d'inconvénients qu'en Angleterre. Or, l'expérience d'une liberté au moins égale à celle de l'Angleterre est encore trop récente pour que la réponse à cette question puisse être un instant douteuse.

Pour ce qui est du régime des asiles d'aliénés, j'estime que, comme l'Empereur pour les libertés publiques, il convient de ne procéder à la suppression absolue des entraves que graduellement, avec une sage circonspection, et en s'attachant surtout à perfectionner l'organisation des asiles de manière à y rendre de plus en plus inutile et, partant, de plus en plus rare l'emploi des moyens coercitifs.

Mais, quel que soit le degré d'imitation dont elle est susceptible en France, nous croyons que l'initiative du docteur Conolly ne saurait être trop louée, et je suis heureux, en ce qui me concerne, de saisir cette occasion pour lui en rendre publiquement hommage, ainsi qu'aux honorables médecins qui s'efforcent de le suivre dans cette voie.